Übersicht

Mathematik kann unterhaltsam und schön sein. Man kann damit sogar Geld verdienen durch Wetten. Hier einige Beispiele sowie **mathematische Kuriositäten**, gesammelt über viele Jahre.

- verführerische Wetten gewinnen
- verblüffendes 3-Türen-Spiel mit einem Auto und 2 Ziegen
- zyklische Sieger à la Martin Gardner
- eine unmögliche Gleichung
- identische Geburtstage;   Start Formel 1 Autorennen
- Tattoo-Formationen
- das Geheimnis der Märchen aus 1'001 Nacht
- Euler Spezialitäten
- quadrieren leicht gemacht, "mathematical beauties"
- exponentielles Wachstum; magische 70 Jahre
- Das jüngste Gericht in 800 Jahren?
- Geburten- und Sterbensrate, weltweit oder lokal
- 1'000 Kugeln zur Auswahl bei Deiner Geburt
- Photovoltaik und Sex?
- die gewaltige Energie hinter $E=mc^2$
- eine Sammlung von Rätseln

Werner Joho wurde 1938 in Baden in der Schweiz geboren, und wohnt jetzt mit seiner Frau Rosa in Würenlingen AG. Er besuchte, wie Albert Einstein, das Gymnasium in Aarau. Dann folgte ein Physikstudium an der ETH Zürich. Dort traf er auf Prof. Eduard Stiefel, einen begnadeten Pädagogen, der ihn für das Spezialgebiet "Angewandte Mathematik" begeistern konnte. Dann ein weiterer Glücksfall: der Autor konnte der Zyklotrongruppe von Prof. J.P. Blaser beitreten. Hier entstand ein Projekt für einen neuartigen Protonen-beschleuniger . Die Berechnung der Teilchenbahnen mit Computer-programmen, anfangs am CERN, dem europäischen Forschungszentrum in Genf, wurde Werner Joho's Hauptaufgabe. Dann beschäftigte er sich mit der Optimierung der Beschleuniger Anlagen am Institut SIN/PSI in Villigen. 1970 promovierte er in Physik an der ETH Zürich. Er verbrachte einige Zeit an Beschleuniger Zentren in Vancouver und Berkeley, Kalifornien.

Als Hobby hat der Autor mit 2 Kollegen an der ETH ein Computer Schach-programm erstellt. Am 7.Oktober 1968 spielte dieses Programm via Amateurfunk erstmals eine Live-Partie über den Atlantik mit einem Schach-programm des MIT in Boston. USA gewann nach 41 Zügen. Zu finden ist diese historische Schachpartie mit Google: "chess programming Joho".

Über die Jahre sammelte und erdachte der Autor viele mathematische Kuriositäten. Eine Auswahl davon ist in diesem Taschenbuch zu finden. Viele Kapital sind nicht nur für einen Spezialisten, sondern hoffentlich auch für einen allgemein interessierten Leser verständlich.

In seiner Freizeit widmete sich Werner Joho vielen sportlichen Aktivitäten in der Natur, wie Orientierungslauf, Skifahren, Tennis, Windsurfen und Golf. Letzteren Sport betreibt er auch heute noch mit viel Leidenschaft.

Freude an Mathematik!

Mathematik, ...nichts für Dich? Schade, denn man kann damit viel Spass haben. So kannst Du z.B. Deine Freunde mit einigen verführerischen Wetten verblüffen. Dann gibt es viele mathematische Puzzles und Rätsel, die das Denken anregen. Am interessantesten sind solche, die schwierig aussehen, aber mit einem einfachen Kniff sehr leicht zu lösen sind.

Hast Du gewusst, dass Du sehr einfach die Anzahl Geburten und Todesfälle pro Jahr in Deiner Stadt abschätzen kannst? Oder dass Du dank Sex sehr einfach die Spitzenleistung und die Jahresproduktion einer Photovoltaik Anlage bestimmen kannst? Kennst Du die einfache Regel um auf der Autobahn einen Crash zu vermeiden? Bei einer Vollbremsung des vorderen Autos muss Dein Abstand grösser sein als die Strecke, die Du während Deiner Reaktionszeit zurücklegst.

Als Denkanstoss zeige ich Dir auch, dass Du privilegiert bist, wenn Du diese Zeilen lesen kannst und nicht unter Hunger leidest.

Ich wünsche Dir, lieber Leser, viel Vergnügen und Unterhaltung beim Studium dieses Taschenbuchs. Gerne darfst Du Beispiele daraus weiter verwenden. Wir wollen ja die Freude an der Mathematik populärer machen!

Werner Joho
Würenlingen, 14.3.2018

3

Bibliografische Information der Deutschen Nationalbibliothek.
Die Deutsche Nationalbibliothek verzeichnet diese Publikation
in der Deutschen Nationalbibliografie; detailierte bibliografische
Daten sind im Internet über dnb.de abrufbar.

© 2018 Werner Joho

5.Auflage

Herstellung und Verlag:

BoD – Books on Demand, Norderstedt

ISBN 978-3-7448-1113-2

Wahrscheinlichkeiten multiplizieren

Um bei der Berechnung von Wahrscheinlichkeiten die nachfolgenden Wetten besser zu verstehen, nehmen wir ein einfaches Beispiel: Was ist die Wahrscheinlichkeit w, dass man mit einem Würfel beim ersten Wurf zuerst eine gerade Zahl erhält und beim 2.Wurf eine 6?

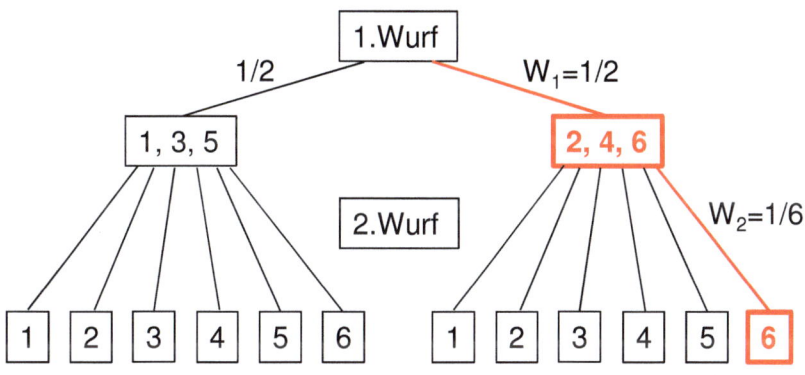

Für diese Wahrscheinlichkeit w müssen die Wahrscheinlichkeiten w_1 und w_2 für den 1. und 2. Schritt **miteinander multipliziert** werden. Denn nur einer von den 12 möglichen Fällen gibt das gewünschte Resultat.

$$w = w_1 \cdot w_2 = \frac{1}{2} \cdot \frac{1}{6} = \frac{1}{12}$$

werfe **6 Würfel** auf den Tisch; dies kostet Dich 1 Fr. als Einsatz. Falls alle Zahlen (1, 2, 3, 4, 5, 6) nur 1 mal vorkommen, so bezahle ich Dir **30 Fr.** ;

ist dies ein faires Angebot?

Nein!

Die Chance für einen Gewinn ist nur w = 1.5% !!

Eine faire Offerte wäre 64 Fr. !

$$w = \frac{5}{6} \cdot \frac{4}{6} \cdot \frac{3}{6} \cdot \frac{2}{6} \cdot \frac{1}{6} = \frac{5!}{6^5} = \frac{5}{324} = 1.5\%$$

Chance = 9% für 5 verschiedene Zahlen nach 5 Würfen (beachte: die erste Zahl kann beliebig sein)

Bei dieser Berechnung müssen die Wahrscheinlichkeiten für jeden nachfolgenden Wurf **miteinander multipliziert** werden. Hat man z.B. das Glück, dass die ersten 5 Zahlen verschieden sind (die Chance dafür ist nur 9%), so ist die Chance nur 1/6, dass zuletzt auch noch die fehlende 6. Zahl geworfen wird.

Ein Spiel für Hochzeitsparties

Ich offeriere diese Wette oft an Hochzeiten. Alle sind eingeladen mehrmals die 6 Würfel gleichzeitig zu werfen. Alle Einsätze (1 Fr. pro Wurf) gehen an das Brautpaar. Mein Beitrag: Ich bezahle alle Gewinne von 30 Fr. aus meiner Tasche! Hier ist die Chance, gemäss der sog. "Poisson Statistik", dass ich bei 100 Versuchen n mal 30 Fr. bezahlen muss (= Erfolg für den Werfer). Mein Beitrag beträgt **im Mittel** 30Fr.*100/64= 47 Fr.

Bei einer fairen Auszahlung von 64 Fr. wäre er im Mittel 100 Fr., genau gleich viel wie der Ertrag aus den 100 Einsätzen.

Beachte: Die Chance, dass ich sogar 5 mal oder noch häufiger die 30 Fr. bezahlen muss ist etwa 2%!

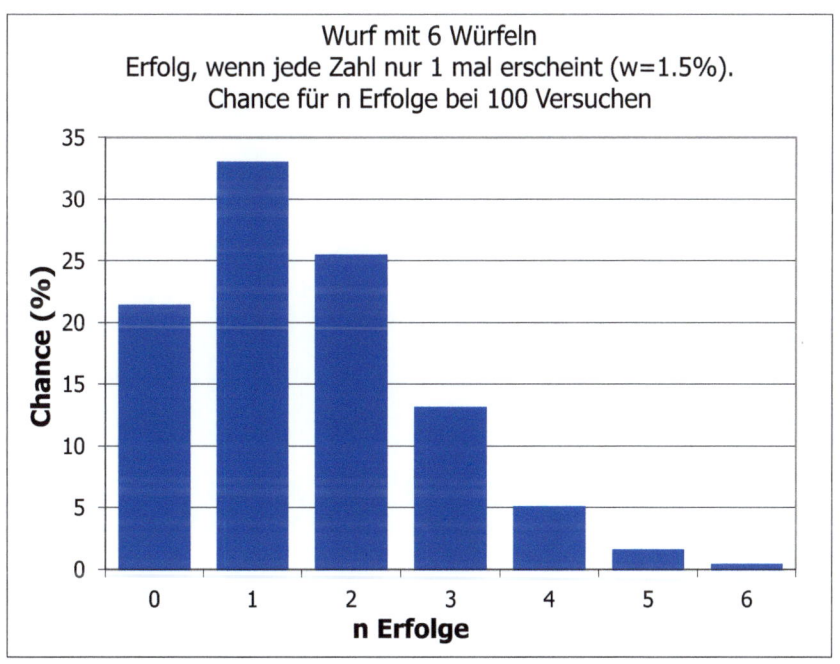

Wurf mit 6 Würfeln
Erfolg, wenn jede Zahl nur 1 mal erscheint (w=1.5%).
Chance für n Erfolge bei 100 Versuchen

Eine 6 würfeln in 3 Versuchen

Wie gross ist die Chance, dass man in 3 Versuchen mindestens 1 mal eine 6 würfelt?

Bei jedem Wurf ist die Chance 1/6, dass man eine 6 würfelt. Aber die Chance für mindestens eine 6 in 3 Versuchen ist nicht 3 x 1/6 = 1/2. Sie ist weniger als 50%:

$$w = 1 - (\frac{5}{6})^3 = \frac{91}{216} = 42\%$$

Beachte: bei 6 Versuchen ist die Chance für mindestens eine 6 nicht 6 x 1/6 = 100% , sondern nur

$$w = 1 - (\frac{5}{6})^6 = 66.5\%$$

Ziehe 4 Karten aus einem Bridge Satz (52 Karten).

Falls jede "Farbe" (Herz, Karo, Pik, Kreuz)

genau 1 mal vorkommt, so bezahle ich das **5-fache**

Deines Wetteinsatzes.

Ist das fair?

Nein! **Deine Gewinnchance w ist nur 10.5%** !

$$w = \frac{39}{51} \cdot \frac{26}{50} \cdot \frac{13}{49} = 0.105$$

Chance = **40%** für 3
verschiedene "Farben"
nach 3 Karten (die erste
Karte kann beliebig sein)

von den verbleibenden
49 Karten sind nur 13
von der fehlenden "Farbe";
die Chance ist damit = **26%**
die Gesamtchance für einen
Gewinn ist somit
26% x 40% = **10.5%**

Gemeinsame Karte aus 2 Bridge Sätzen

Ziehe **7 Karten** aus einem Bridge Satz (52 Karten) .
Ich mache das Gleiche aus einem anderen vollen
Kartensatz. Ich gewinne den Einsatz, falls wir eine
gemeinsame Karte haben; andernfalls gewinnst Du
den Einsatz. Was ist **Deine** Gewinnchance?   Nur 1/3!

$$W_7 = \frac{45}{52} \cdot \frac{44}{51} \cdot \frac{43}{50} \cdot \frac{42}{49} \cdot \frac{41}{48} \cdot \frac{40}{47} \cdot \frac{39}{46} = 34\%$$

Wenn ich nur **6 Karten** ziehe, Du aber **7 Karten**
ziehen darfst, so steigt Deine Gewinnchance auf

$$W_{67} = \frac{45}{52} \cdot \frac{44}{51} \cdot \frac{43}{50} \cdot \frac{42}{49} \cdot \frac{41}{48} \cdot \frac{40}{47} = 40\%$$

Nur wenn wir **beide 6 Karten** ziehen wird die Wette
einigermassen fair:

$$W_6 = \frac{46}{52} \cdot \frac{45}{51} \cdot \frac{44}{50} \cdot \frac{43}{49} \cdot \frac{42}{48} \cdot \frac{41}{47} = 46\%$$

Casino mit dem Buchstabenspiel

Wähle aus den 25 Buchstaben des Alphabets
(J=I) **5 verschiedene Buchstaben** aus, und
schreibe sie im geheimen auf ein Blatt Papier.
Ich mache dies ebenso. Als Wette setzen wir
den gleichen Betrag ein.
Dann vergleichen wir unsere gewählten
Buchstaben.

**Falls wir <u>keinen</u> gemeinsamen Buchstaben
haben, gewinnst Du den Wetteinsatz.**

Wie gross ist Deine Gewinnchance?

$$W_5 = \frac{20}{25} \cdot \frac{19}{24} \cdot \frac{18}{23} \cdot \frac{17}{22} \cdot \frac{16}{21} = 29\%$$

Dieses Spiel kann simultan gegen eine ganze Gruppe gespielt werden. Das beschleunigt meinen Gewinn!

In der ersten Runde kann man sogar einen kleinen psychologischen Effekt ausnutzen:

Die Gegner wählen zuerst oft Buchstaben wie (Q, X, Y !)

Dieses Spiel ist nur einigermassen fair, wenn beide Parteien **4 Buchstaben** auswählen.

Die Gewinnchance für den Gegner ist dann

$$W_4 = \frac{21}{25} \cdot \frac{20}{24} \cdot \frac{19}{23} \cdot \frac{18}{22} \cdot \frac{17}{21} = 47\%$$

Das berühmte 3-Türen-Spiel

Dieses Spiel basiert auf einer Idee des Statistikers Steve Selvin (1975). Es wurde populär durch eine **TV Show von Monty Hall** und erzeugte eine riesige Kontroverse durch einen Zeitungsartikel von Marilyn vos Savants (1990). In Leserbriefen blamierten sich darauf auch viele gestandene Mathematiker. In seiner Show präsentierte Monty Hall einem Kandidaten 3 Türen. Hinter zwei Türen verbarg sich je eine Ziege, während hinter der dritten Türe (die nur der Showmaster kannte) **ein Auto zu gewinnen** war. Der Kandidat durfte eine Türe auswählen. Die Chance, das Auto zu gewinnen, war damit **1/3**. Nehmen wir an, der Kandidat wählte Türe 1. Darauf öffnete der Showmaster aus den zwei verbliebenen Türen eine aus, hinter der sich garantiert eine Ziege befand (z.B. Türe 3). Das Auto musste sich jetzt entweder hinter Türe 1 oder Türe 2 befinden. Darauf bekam der Kandidat die **Chance**, von seiner ursprünglich gewählten Türe 1 auf die noch geschlossene Türe 2 **zu wechseln**.

Jetzt die grosse Frage: Ist es egal, ob der Kandidat seine Wahl ändert, oder soll er doch zu Türe 2 wechseln?

Die Türe immer wechseln!

Die Chance das Auto zu gewinnen steigt damit auf 2/3!!
Ohne Wechsel bleibt die Chance bei 1/3 (und nicht 50%).

Dieses Resultat verblüfft sogar "Experten" . In der Literatur gibt es viele mathematische Erklärungen, wie: Auch wenn nur noch 2 Türen zur Auswahl stehen; die Chance die richtige gewählt zu haben bleibt 1/3. Damit steigt die Chance für die 2.Türe auf 2/3! Alternativ offeriere ich ein einfaches Experiment, das man auch ohne Mathematik nachvollziehen kann: **Ich spiele 30 mal gegen den Showmaster.**

Dieser verpflichtet sich das Auto in einer zufälligen Reihenfolge, aber je 10 mal hinter den Türen 1, 2 und 3 zu verstecken.

Ich selber mache mir das Leben leicht: Ich erkläre, dass ich

30 mal immer die Türe 1 wähle ... und dann wechsle!

Dann verlasse ich die Show und gehe einen Kaffee trinken. Wenn die 30 Spielrunden vorbei sind wird mich der Showmaster wieder reinholen.

Wie sieht das Resultat aus?

Beachte, dass der Showmaster nie meine gewählte Türe 1 öffnen durfte.

- 10 mal war das Auto hinter meiner gewählten Türe 1.

Der Showmaster öffnete darauf Türe 2 oder 3. Ich wechselte ...und verlor.

- 10 mal war das Auto hinter Türe 2. Der Showmaster **musste** darauf Türe 3 öffnen. Ich wechselte zu Türe 2 ...und gewann.

- 10 mal war das Auto hinter Türe 3. Der Showmaster **musste** darauf Türe 2 öffnen. Ich wechselte zu Türe 3...und gewann.

=> Ich gewann 20 mal und verlor 10 mal.

Meine Gewinnchance: **wie vorausgesagt 2/3 !!**

Hätte ich nie gewechselt: ich hätte 10 mal gewonnen und 20 mal verloren.

Quiz mit 3 Fragen

Beim Schweizer Radio gibt es eine Sendung **"Zeit ist Geld"**, bei der man **3 Fragen zu total 9 Ereignissen** beantworten muss. Dabei müssen diese Ereignisse in der richtigen zeitlichen Reihenfolge eingeordnet werden. Bei der ersten Frage geht es um 2 Ereignisse, dann um 3 und zuletzt um 4 Ereignisse.

Bei der 2.Frage geht es z.B. um die zeitliche Reihenfolge von:

1. Hillary and Sherpa Tensing ersteigen den Mount Everest.
2. Deutschland wird zum ersten mal Fussballweltmeister
3. Beginn des Koreakriegs

Falls man **keine Ahnung** bei diesen 9 Ereignissen hat:
Was ist die Chance, dass man nur durch raten die 3 Fragen korrekt beantwortet?

Bei der 1.Frage ist die Wahrscheinlichkeit $1/2$,

bei der 2. Frage ist sie $1/3 \cdot 1/2 = 1/6$

und bei der 3. Frage noch $1/4 \cdot 1/3 \cdot 1/2 = 1/24$.

Durch Multiplikation dieser 3 Wahrscheinlichkeiten erhält man

eine Chance von nur $1/288 = 0.35\%$,

dass man alle Fragen korrekt beantwortet! Dies erklärt auch, wieso nur selten ein Kandidat dieses Quiz gewinnt.

Martin Gardner's zyklische Würfel

Martin Gardner publizierte im "Scientific American" vom
Dez. 1970 (S. 110-114) ein Spiel mit 4 sehr speziellen Würfeln.
Bei jedem Wurf gewinnt die höhere Zahl. Ganz wichtig:
Ich überlasse generös meinem Gegner die Auswahl
für einen der 4 Würfel. Darauf finde ich immer einen Würfel,
der denjenigen des Gegners im Mittel im Verhältnis 2:1 schlägt!

Hier sind diese 4 Würfel:

Würfel	Zahlen auf dem Würfel	Mittelwert	
A	4 4 4 4 0 0	2.67	
B	3 3 3 3 3 3	3.0	(muss nicht gewürfelt werden!)
C	6 6 2 2 2 2	3.33	
D	5 5 5 1 1 1	3.0	

Würfel A schlägt Würfel B im Verhältnis 24 :12
Würfel B schlägt Würfel C im Verhältnis 24 :12
Würfel C schlägt Würfel D im Verhältnis 24 :12
Würfel D schlägt Würfel A im Verhältnis 24 :12

Wir haben ein zyklisches Siegerschema:
Es gibt keinen besten Würfel!

Zyklische Sieger Teams

Ich habe dieses Beispiel mit den 4 Würfeln von Martin Gardner abgeändert auf 4 **Ringer Teams**. Jedes Team besteht aus 6 Ringern. Bei einem Wettkampf zwischen 2 Teams kämpft jeder Ringer einer Mannschaft gegen jeden Ringer des anderen Teams. Es gibt somit 36 Zweikämpfe. Jeder Ringer hat ein rating, das seiner Stärke entspricht. Bei einem Zweikampf gewinnt immer der Ringer mit dem höheren rating.

Die folgenden 4 Teams nehmen an einem Turnier teil:

Team	individuelles rating						Mittelwert
A	17	17	17	17	6	6	13.33
B	13	13	13	13	13	13	13.0
C	20	20	8	8	8	8	12.0
D	18	18	18	7	7	7	12.5

Team A schlägt Team B mit 24 Siegen und 12 Niederlagen
Team B schlägt Team C mit 24 Siegen und 12 Niederlagen
Team C schlägt Team D mit 24 Siegen und 12 Niederlagen
Team D schlägt Team A mit 24 Siegen und 12 Niederlagen

Auch hier haben wir ein zyklisches Siegerschema:
Jedes Team hat einen Bezwinger!

Dargestellt in einer Grafik:

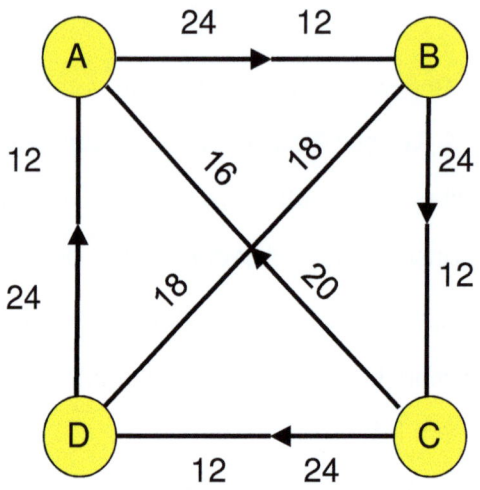

In einem Turnier kämpfen alle Mannschaften gegeneinander.
Für einen Sieg der Mannschaft gibt es 2 Punkte, für ein
Unentschieden (X) 1 Punkt. Das Schlussresultat sieht so aus:

Rang	Team	Siege	Niederlagen	X	Punkte	Team Mittelwert
1	C	2	1	0	4	12.0
2a	D	1	1	1	3	12.5
2b	B	1	1	1	3	13.0
4	A	1	2	0	2	13.3

Das Resultat ist genau umgekehrt zum Team Mittelwert:
Das sog. „schwächste" Team gewinnt,
das „stärkste" Team verliert!

Bei einem play-off oder **Cup System** gibt es 3 Fälle:

Variante 1.   Semifinale:
A – B ,   A gewinnt 24:12 ;   C – D ,   C gewinnt 24:12
Final: A – C ,   **C gewinnt** 20:16

Variante 2.   Semifinale:
A – C ,   C gewinnt 20:16 ;   B – D ,   unentschieden 18:18,
D gewinnt das Tie-break zwischen den zwei Spitzenringern
Final: C – D ,   **C gewinnt** 24:12

Variante 3.   Semifinale:
A – D ,   D gewinnt 24:12 ;   B – C ,   B gewinnt 24:12
Final: B – D , unentschieden 18:18,
D gewinnt das Tie-break zwischen den zwei Spitzenringern

**Auch im play off System gewinnt in 2 von 3 möglichen
Varianten das Team C mit dem schwächsten Mittelwert!**

Es ist entscheidend, in welcher **Reihenfolge** die Teams die
Semifinale beginnen. Team D hat nur eine Chance, wenn es
gegen Team A beginnen kann. Die sogenannt "stärksten" Teams
A und B können den Cup nie gewinnen!

Dieses zyklische Siegerschema kann auch **politisch enorme
Konsequenzen** haben, wie bei den Wahlen 2016 für die
Präsidentschaft der USA. Donald Trump besiegte Hillary Clinton;
Clinton gewann die Nomination gegen Bernie Sanders; aber
Sanders hätte wohl Trump geschlagen!

Auswahl bei Fussball Teams unter Jungen

14 Knaben wollen Fussball spielen

Die Captains der Teams A und B dürfen je 6 Spieler auswählen.

Diese sind gemäss Spielstärke eingestuft von 1 – 12.

Geschieht die Wahl **alternierend** zwischen Team A und B,

so ist dies **unfair** für Team B!

Team A erhält die "ungeraden" Spieler 1,3,5,7,9,11, mit einer

Summe der Rangpunkte = 36. Team B bekommt die "geraden"

Spieler 2,4,6,8,10,12, mit einer Summe der Rangpunkte = 42.

Korrekt ist:

zuerst wählt Captain A Spieler 1

dann wählt Captain B   Spieler 2 und 3

dann wählt Captain A   Spieler 4 und 5

dann wählt Captain B   Spieler 6 und 7

dann wählt Captain A   Spieler 8 und 9

dann wählt Captain B   Spieler 10 und 11

dann erhält Captain A   Spieler 12

Team A: Spieler 1, 4, 5, 8, 9, 12;   Summe der Rangpunkte = 39

Team B: Spieler 2, 3, 6, 7, 10, 11; Summe der Rangpunkte = 39

Damit erhält Team A sowohl den besten, wie als Ausgleich, auch den schlechtesten Spieler.

Eine unmögliche Gleichung!?
X – 3 + 2 = X

X = 5 Zündhölzer

1. Entferne 3 Zündhölzer

2. Füge wieder 2 Zündhölzer dazu,

    um das gleiche Bild zu erhalten!?

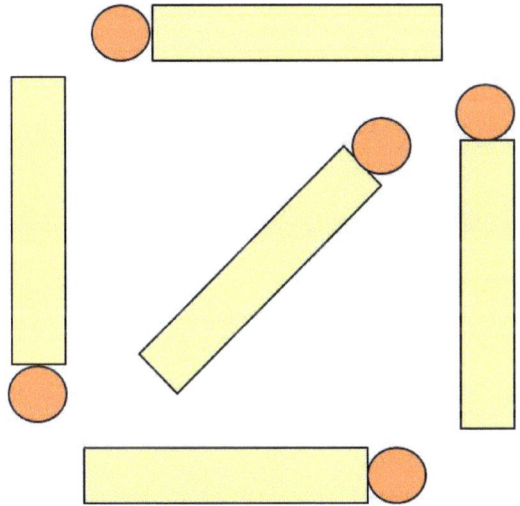

Warnung: dieses Problem kann Dich wahnsinnig machen! (Lass Dir etwas Zeit, bevor Du die Lösung auf der nächsten Seite nachschaust)

1. Entferne 3 Zündhölzer

2. Füge 2 dazu, um das gleiche Bild zu erhalten!

Lösung:

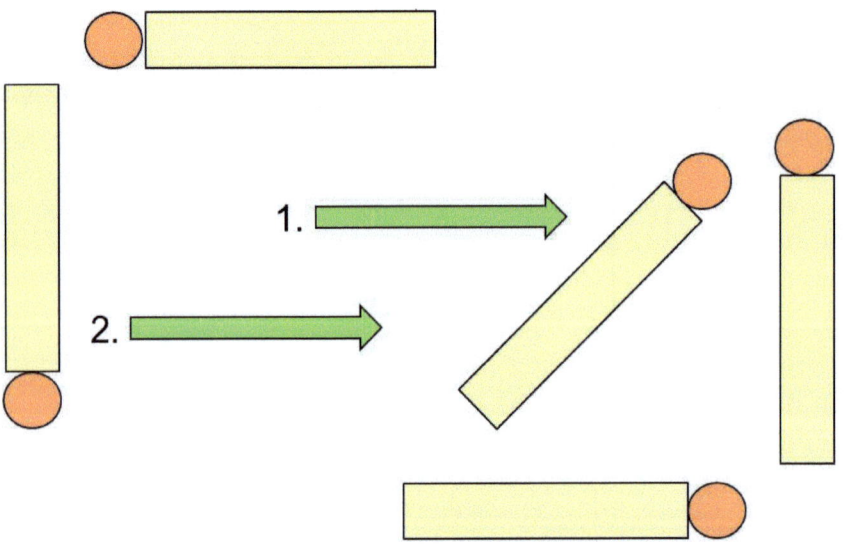

Sowohl verblüffend wie auch simpel, nicht wahr!

Chance für einen gemeinsamen Geburtstag in einer Gruppe

Wie gross ist die Chance, dass in einer Gruppe von n Personen zwei den gleichen Geburtstag haben (der 29.Februar wird ignoriert)?

$$\text{Chance } w = 1 - \frac{364}{365} \cdot \frac{363}{365} \cdot \frac{362}{365} \cdots \frac{(366-n)}{365}$$

Mit **23 Personen** ist die Chance bereits **50%** und mit 50 Personen schon 97%. Dass 2 Geburtstage identisch sind oder nur einen Tag auseinanderliegen ist bei **20 Personen** bereits zu **80%** wahrscheinlich: Dies gibt eine **sehr gute Wette!**

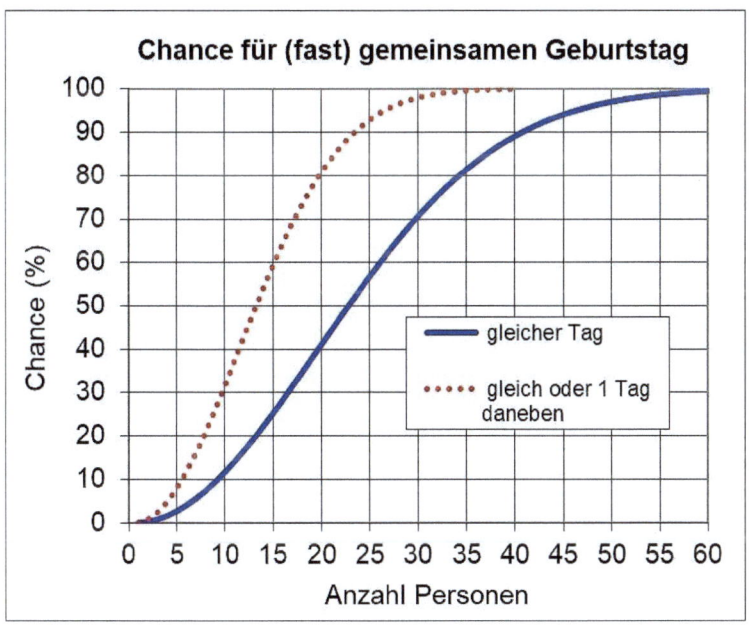

Chance für (fast) gemeinsamen Geburtstag

Quadratisch zunehmendes Geburtstags-Geschenk zweier Brüder

Walter und Josef sind Brüder. Walter ist 13 Jahre alt. Josef ist 12 Jahre alt aber der schlauere der 2 Brüder. Josef schlägt seinem Bruder folgendes Schema für zukünftige Geburtstags-geschenke vor:

Wir geben einander ab jetzt **Geschenke**, deren Wert jedes Jahr **quadratisch** zunimmt. Wir starten starten diese Serie ab sofort mit einem Geschenk von 1 Fr. Nächste Jahr ist der Wert des Geschenks 4 Fr., im folgenden Jahr 9 Fr. und so weiter. Da ich ein Jahr jünger bin als Du, starte ich meine Serie erst nächstes Jahr. Ich bin dann so alt wie Du jetzt. Ist dies ok für Dich?

Walter ist damit einverstanden. Er realisiert nicht, dass damit die **Differenz** ihrer Geschenke **lebenslang** zu Gunsten seines Bruders linear mit dem Alter **zunimmt**!

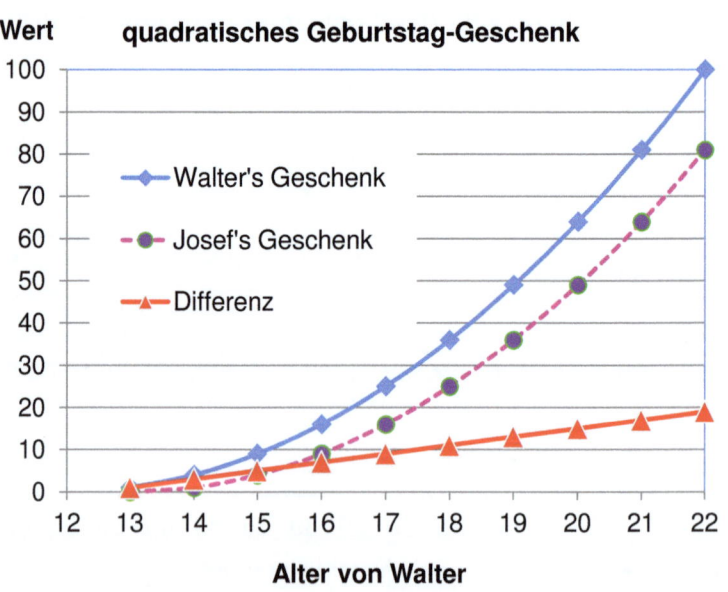

Start beim Formel 1 Autorennen

Ein ähnliches Problem wie bei dem quadratischen Geburtstagsgeschenk ergibt sich bei einem Formel 1 Rennen: Nach dem Start kann ein Rennwagen in 5 Sekunden auf eine Geschwindigkeit von 200km/h, das sind 55m/s, beschleunigen. Dies ergibt eine Beschleunigung von 11m/s², etwa 10% mehr als die Erdbeschleunigung.

Beim Start **reagiert ein Fahrer 0.5 s später** als sein Konkurrent neben ihm. Damit liegt er schon bei seinem Start 1.4m zurück. Aber es kommt noch weit schlimmer: Bei gleicher Beschleunigung wie sein Konkurrent nimmt sein Rückstand linear mit der Zeit zu.

Nach 5 Sekunden hat er immer noch 0.5s Rückstand; aber dies ergibt jetzt einen **Rückstand von 27m** (=0.5s*55m/s) bei einem zurückgelegten Weg von 112m gegen 139m des Gegners.

Fahrer 2 startet   0.5 s nach Fahrer 1

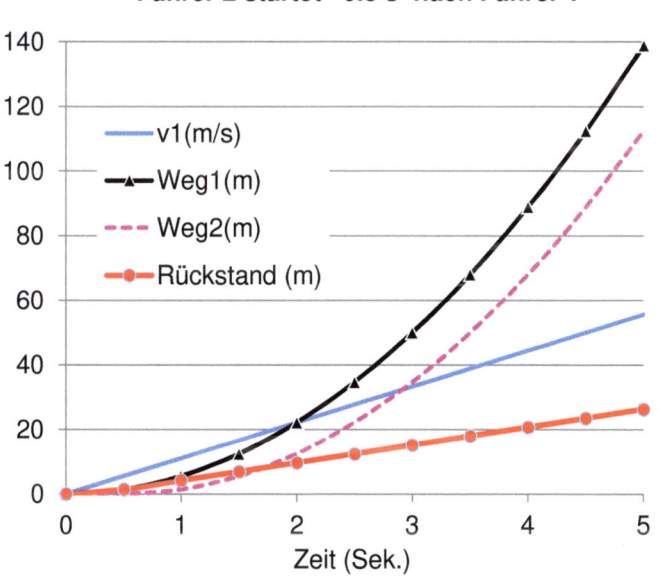

Autocrash auf der Autobahn

Der umgekehrte Fall zum Formel 1 Start ist ein Auffahrunfall auf der Autobahn. Hier fahren 2 Autos mit 120 km/h hintereinander im Abstand von **32m**. Plötzlich muss der vordere Fahrer eine Vollbremsung durchführen, und sein Auto kommt 67m später nach 4 Sekunden zum Stillstand. Der hintere Fahrer bremst ebenso, aber mit einer **verzögerten Reaktionszeit von 1 Sekunde.** Obwohl sein Auto ebenfalls innert 4 Sek. zum Stillstand käme, verringert sich der Abstand zum Vorderwagen stetig und 3.5 Sekunden nach seiner Bremsung kracht er mit 15 km/h in den still stehenden Vorderwagen! **Einfache Regel: der Abstand muss grösser sein, als die Strecke, die Du während der Reaktionszeit zurücklegst.**

Auffahrcrash
Fahrer 2 bremst 1 s nach Fahrer 1

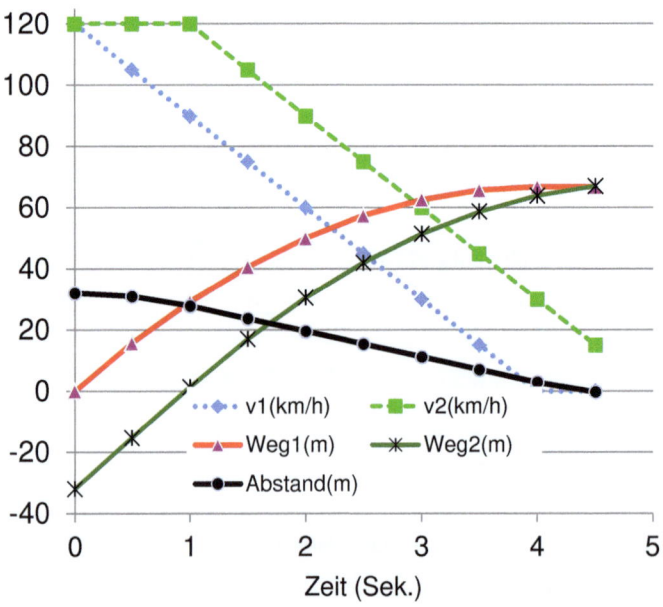

Freitag der 13.

Bist Du abergläubisch? Wie oft (=X) hast Du schon einen dieser Tage erlebt?

Einfache Rechnung:

- jedes Jahr hat 12 mal einen Dreizehnten

- Die Chance für einen Freitag ist jedesmal 1/7

=> ca. 12/7 = 1.7 mal pro Jahr gibt es einen
    Freitag den Dreizehnten

X ≈ Dein Alter x 12/7

⇒ mit 58 hast Du bereits etwa 100 mal einen
   Freitag den 13. überstanden!

harmonische Rechteck Formationen

h ist, gemäss dem indischen Mathematiker Ramanujan, eine harmonische Zahl, die auf sehr viele (**=p**) Arten in ein Produkt **h**=AxB zerlegt werden kann (BxA gilt als neues Produkt).

Es gibt somit **p** Möglichkeiten, mit **h** Personen eine Rechteck-Formation zu bilden ,z.B. für das sog.**Tattoo-Festival.**

h	Primzahl Zerlegung	p Produkte AxB
2=2!	2	2
4	2x2	3
6=3!	2x3	4
12	2x2x3	6
24=4!	2x2x2x3	8
60	2x2x3x5	12
120=5!	2x2x2x3x5	16
180	2x2x3x3x5	18
240	2x2x2x2x3x5	20
360	2x2x2x3x3x5	24
720=6!	2x2x2x2x3x3x5	30
5040=7!	2x2x2x2x3x3x5x7	60

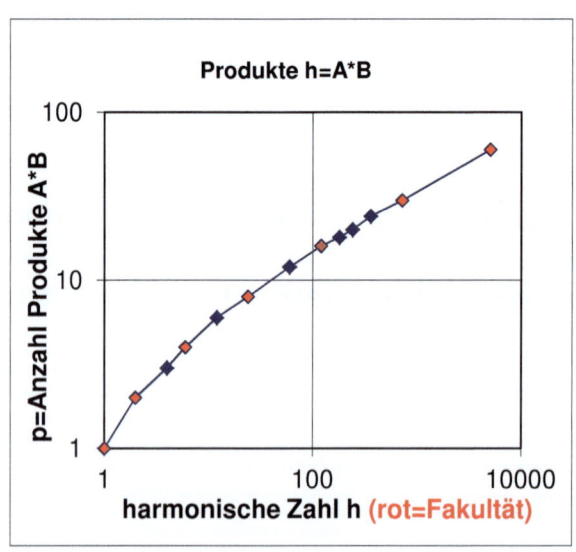

28

Tattoo-Formationen

P=8 Rechteck-Formationen mit h=24 Personen

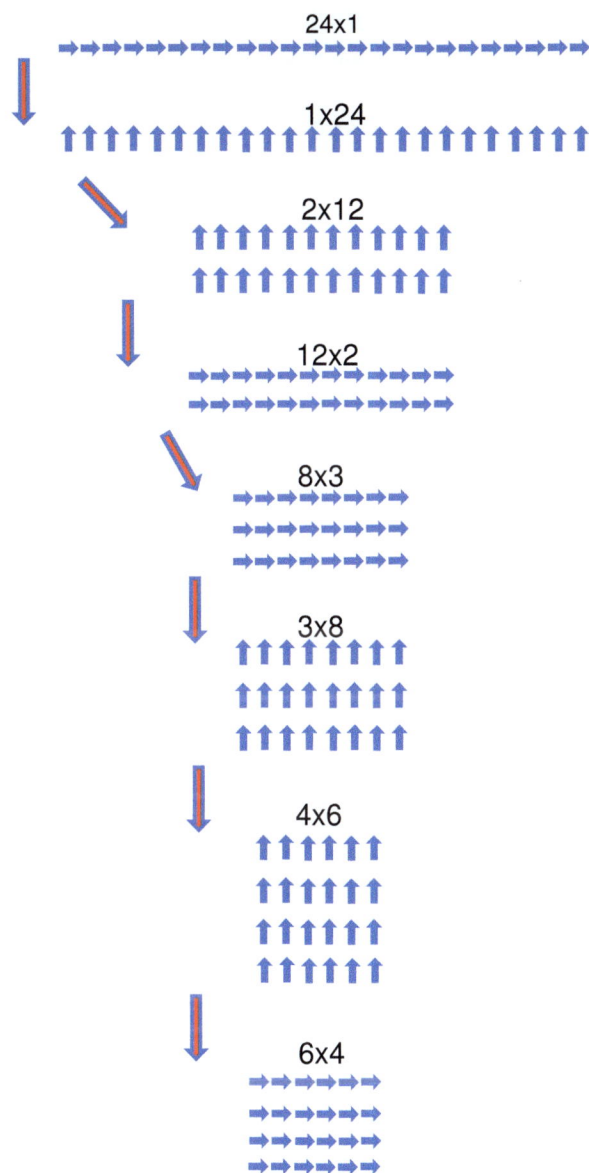

24x1

1x24

2x12

12x2

8x3

3x8

4x6

6x4

Tattoo-Formationen

P=12 Rechteck-Formationen mit h=60 Personen

60x1

1x60

30x2

20x3

2x30

3x20

15x4

12x5

10x6

6x10

4x15

5x12

Multiplikationstest für Schüler

- nimm eine 3-stellige Zahl **xyz (z.B 597)**

- multipliziere sie mit **7**

- multipliziere das Resultat mit **11**

- und dieses Resultat wiederum mit **13**

Resultat :

$$7 \cdot 11 \cdot 13 \cdot xyz = \mathbf{1'001} \cdot xyz = \mathbf{xyz'xyz}$$

als Beispiel:

$$7 \cdot 11 \cdot 13 \cdot \mathbf{597} = \mathbf{1'001} \cdot \mathbf{597} = \mathbf{597'597}$$

"Märchen aus 1'001 Nacht" das Geheimnis endlich gelöst!

Scheherazade, die Tochter des Wesirs, vermied es mit ihren 1'001 Märchen, vom König Schahriyar nach einer Liebesnacht getötet zu werden.

Aber warum gerade 1'001?

1'001 ist das Produkt aus 3 speziellen Primzahlen:

$$1001 = 7*13*11 \;;$$

das bedeutete zuerst eine Schonperiode von **7** Tagen, dann **13** Wochen (=1 Jahreszeit). Nach dieser Zeit bemerkte Scheherazade, dass sie schwanger und damit etwas sicherer war! Darauf folgten noch **11** Jahreszeiten, die sich wie folgt zusammensetzten:

3 Jahreszeiten: erste Schwangerschaft

1 Jahreszeit: Erholung

3 Jahreszeiten: zweite Schwangerschaft

1 Jahreszeit: Erholung

3 Jahreszeiten: dritte Schwangerschaft

π auf die schnelle Art

$$\pi \approx \frac{355}{113}$$

$$\pi = 3.141592{\scriptstyle 7}$$

$$\frac{355}{113} = 3.141592{\scriptstyle 9}$$

Diese Näherung war bereits dem chinesischen Mathematiker und Astronomen ZuChongzhi (429-500) bekannt!

$$e^{i\pi} = -1$$

Diese wunderbare Formel von Leonhard Euler (1701-1783), einem Schweizer Mathematiker und Physiker, enthält **2 fundamentale Zahlen (e, π)**

und **3 wichtige mathematische Erfindungen:**

1. Das Gleichheitszeichen = (ersetzte in einer Gleichung die Wörter: **"ist gleich wie"**) wurde 1557 durch den Mathematiker Robert Recorde erfunden. Er sagte:
   „no two things can be more equal than these two bars"

2. Die negativen Zahlen

3. Die imaginären Zahlen mit der Einheit **i**

Euler ist der Erfinder der Symbole e und i sowie der Symbole Σ für eine Summe und f(x) für Funktionen.

Die Euler Würfel

Hier sind 6 Würfel mit Seitenlängen von
1, 2, 3, 4, 5 und 6 Einheiten.
Erzeuge mit Hilfe dieser Würfel 2 Haufen,
die das gleiche Volumen haben.

Die Lösung, mit einem Überraschungs-effekt,
folgt aus der Euler Formel auf der nächsten Seite

Schöne Formeln

Eine schöne Formel von Euler ist:

$$3^3 + 4^3 + 5^3 = 6^3$$

Der indische Mathematiker Ramanujan fand:

$$9^3 + 10^3 = 1^3 + 12^3 = 1'729$$

1966 widerlegte ein Computerprogramm eine 'Vermutung' von Euler und fand:

$$27^5 + 84^5 + 110^5 + 133^5 = 144^5$$

Die folgende Gleichung habe ich selber gefunden. Sie wurde aber bereits in einem Buch des ungarischen Mathematikers George Polya erwähnt.

$$1^3 + 2^3 + 3^3 + ... + n^3 = (1 + 2 + 3 + ... + n)^2$$

$$\frac{(n+1)^2 n^2}{4} \qquad [\frac{(n+1)n}{2}]^2$$

Beispiel: Arrangement von 225 Würfeln als Quadrat 15x15 oder als 5 Würfel mit Längen 1, 2, 3, 4 und 5

$$1^3 + 2^3 + 3^3 + 4^3 + 5^3 = (1+2+3+4+5)^2 = 225$$

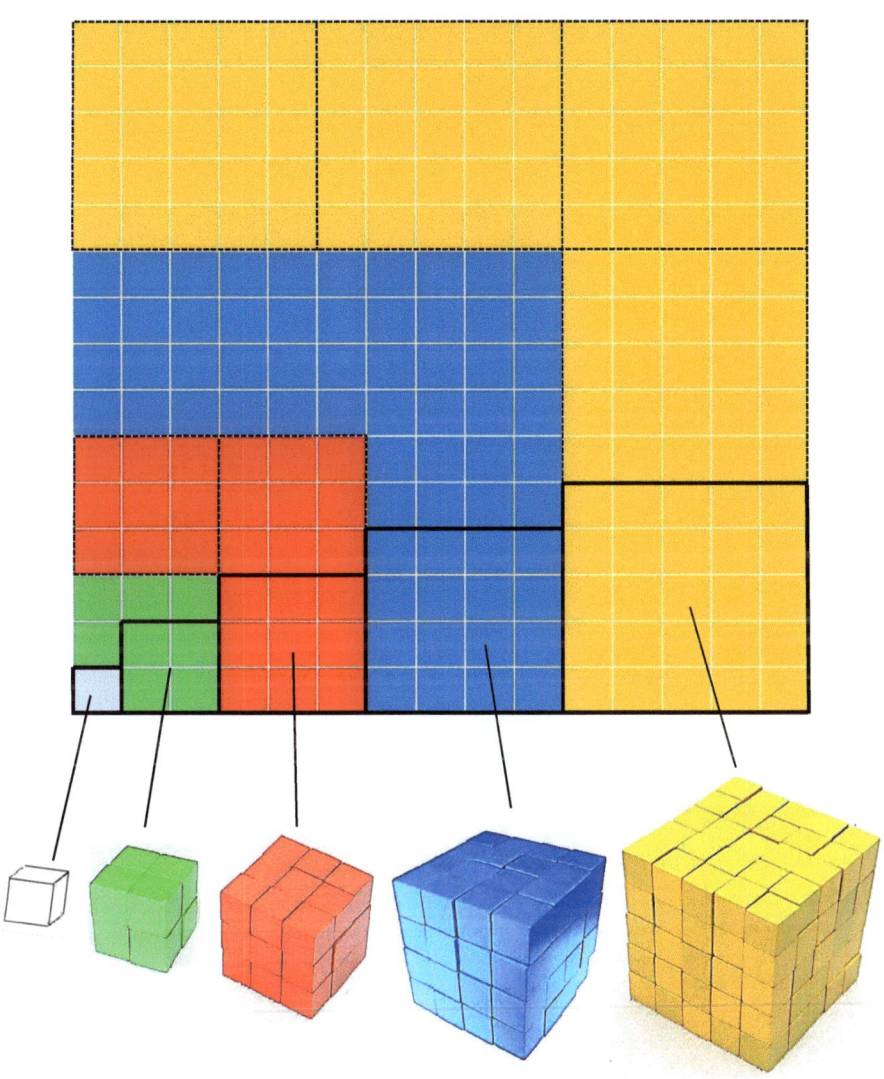

Euler: $3^3 + 4^3 + 5^3 = 6^3 = 216$

neu arrangiert: $7 \times 3^3 = 4^3 + 5^3 = 189$

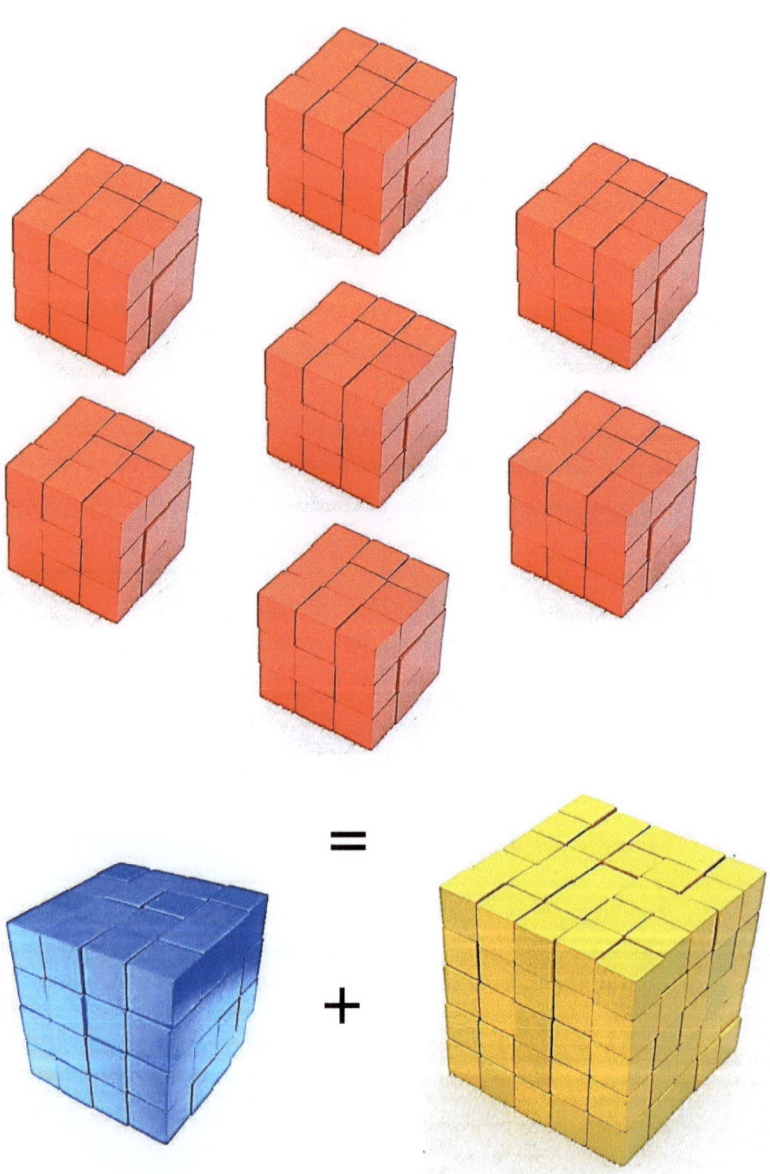

=

+

$(a+b)^2$ graphisch illustriert

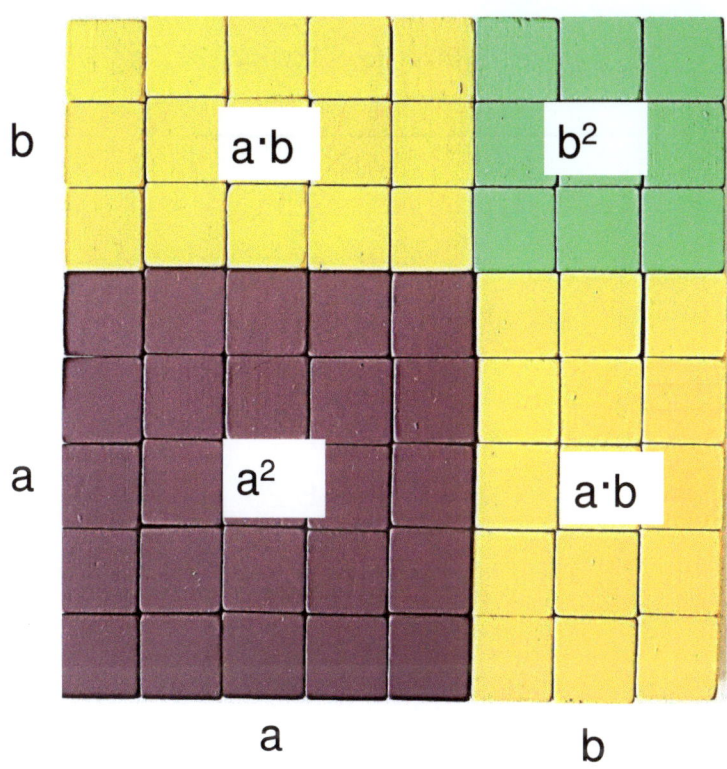

$$(a+b)^2 = a^2 + b^2 + 2 \cdot a \cdot b$$

Beispiel: a=5 , b= 3
$$(5 + 3)^2 = 5 \cdot 5 + 3 \cdot 3 + 2 \cdot 5 \cdot 3$$
$$= 25 + 9 + 30 = 8^2 = 64$$

3.5 x 3.5 in 3.5 Sekunden

Rezept: $(n-\frac{1}{2})(n+\frac{1}{2}) = n^2 - \frac{1}{4}$

$$n^2 = (n-\frac{1}{2})(n+\frac{1}{2}) + \frac{1}{4}$$

Mit halbzahligem n:

n	n^2
2.5	$2\cdot3 + 0.25 = 6.25$
3.5	$3\cdot4 + 0.25 = 12.25$
4.5	$4\cdot5 + 0.25 = 20.25$
5.5	$5\cdot6 + 0.25 = 30.25$
6.5	$6\cdot7 + 0.25 = 42.25$
7.5	$7\cdot8 + 0.25 = 56.25$
$\vdots$	
11.5	$11\cdot12 + 0.25 = 132.25$

Quadratzahlen um 50 and 100

1) $x \approx 50$, $\mathbf{x \equiv 50 + n}$

$x^2 = 50^2 + n \cdot 100 + n^2$

$\mathbf{x^2 = (x-25) \cdot 100 + n^2 = (25+n) \cdot 100 + n^2}$

z.B. $x = 47$, n= -3

$47^2 = 2'200 + 9 = 2'209$

Dieser Trick wurde von den berühmten Physikern Richard Feynmann und Hans Bethe erwähnt

2) $x \approx 100$, $\mathbf{x \equiv 100 + n}$

$\mathbf{x^2 = 100^2 + 2n \cdot 100 + n^2}$

z.B. $x = 104$, $n = 4$

$104^2 = 10'000 + 8 \cdot 100 + 16 = 10'816$

einige "mathematical beauties"

9 x 123'456'789 + 10 = **1'111'111'111**

9 x 3607 x 3803 = **123'456'789**

888'888'888 : 9 = **98'765'432**

111'111'111 x 111'111'111

=

1234**5678**9876**54**321

21'649 x 513'239 = 11'111'111'111

Primzahlen

Die folgende Formel wurde von **Leonhard Euler**
publiziert:

$$P(n) = n(n-1)+41$$

unglaublich: diese Formel liefert eine **Primzahl** für
n=1, 2, 3,....40.
Sie versagt erstmals bei n=41, da P(41)=41*41=1'681
(weiter klappt es nicht bei n=42, 45, 50, 57, 66 etc.)

Die Zahlenfolge: 2, 4, 6, 8, 10, 12, …, wird durch eine
Formel F(n), mit n=1, 2, 3, …6 kreiert. Da ist es
naheliegend, dass man als nächsten Term in der Reihe 14
vermutet!?
Gib mir jetzt die Zahl **Y**, Dein Geburtsjahr. Die folgende
Formel erzeugt mit n=1,…6 die obigen Zahlen von 2-12,
aber der nächste Term ergibt für n=7 genau **Y** !

$$F(n)=2n+ (\mathbf{Y}-14)(n-1)(n-2)(n-3)(n-4)(n-5)(n-6)/6!$$

Die Linsengleichung von Newton für die
Abbildung eines Objekts mit einer dünne Linse
mit Brennweite f

$$\frac{1}{f} = \frac{1}{u} + \frac{1}{v}$$

Beim symmetrischen Fall:

$$u = v = 2f$$

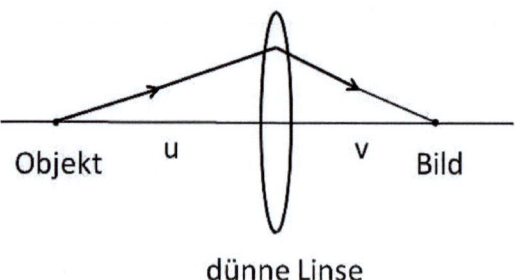

Objekt   u   v   Bild

dünne Linse

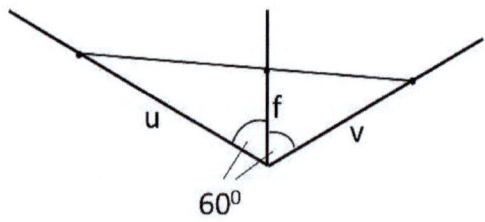

u   f   v

60^0

Das gleiche Diagramm kann benutzt werden für
parallele Widerstände, für Kapazitäten in Serie etc.!

Logarithmische Ableitungen!

Haben 2 Variablen x und y den Zusammenhang:

$$y = a \cdot x^n$$

So eignet sich für eine graphische Darstellung eine doppelt logarithmische Skala; für kleine Änderungen die sog. "logarithmische Ableitung"

$$\frac{dy}{y} = n \frac{dx}{x}$$

$\Rightarrow$ 1% Zuwachs in x gibt n% Zuwachs in y

Beispiel: ein **Würfel** hat eine Seitenlänge L.

seine Oberfläche ist O = 6 L^2 .

sein Volumen ist V = L^3 .

=> Ein Zuwachs von 1% in der Länge L gibt

einen Zuwachs von 2% in der Oberfläche und

einen Zuwachs von 3% im Volumen.

Für Spezialisten: „Magisches Dreieck"
mit logarithmischen Ableitungen für die
trigonometrischen Funktionen
s≡sinφ, c≡cosφ, t≡tanφ

$$s^2 + c^2 = 1, \quad t = \frac{s}{c}$$

$$\frac{ds}{s} = c^2 \frac{dt}{t}, \quad -\frac{dc}{c} = s^2 \frac{dt}{t}, \quad -\frac{dc}{c} = t^2 \frac{ds}{s}$$

s,c,t sind gleichberechtigt => **Demokratie !**

Dieses Dreieck ist leicht zu merken!
Nur –dc statt +dc ist speziell

Die Faktoren s^2, c^2, t^2 bilden ein inverses Dreieck; beachte: $s^2 = c^2 \cdot t^2$

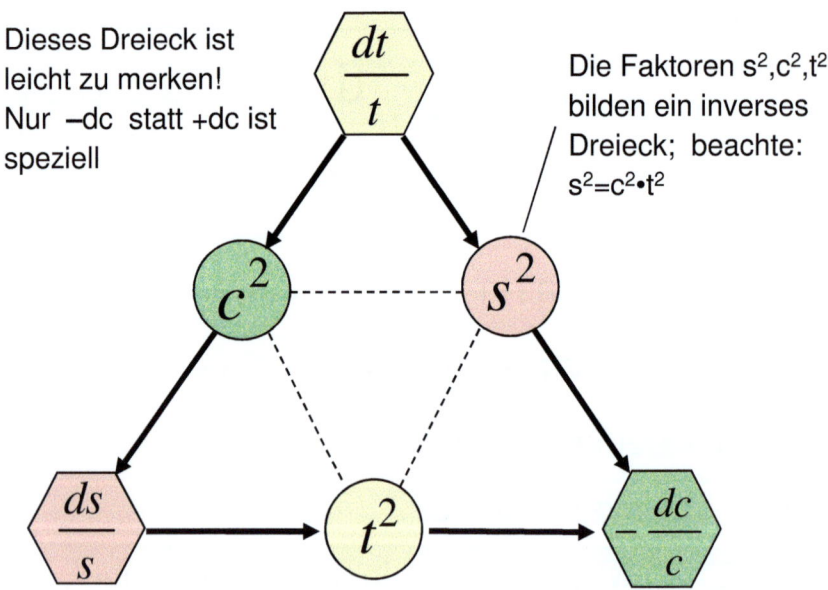

Auch für die dimensionslosen relativistischen Grössen totale
Energie γ, Geschwindigkeit β=v/c und Impuls p*= p/mc= βγ
habe ich das gleiche magische Dreieck konstruiert.

Bis zum Jahr 1983 wurde die Lichtgeschwindigkeit (= c) mit physikalischen Experimenten gemessen.

Aber in jenem Jahr wurde der "Urmeter" von Paris als Standard Länge aufgegeben. An seiner Stelle wurde c als eine **Konstante** festgelegt:

$$c \equiv 299'792'458 \text{ m/s}$$

Ich habe versucht, diese Zahl als Telefonnummer aufzurufen. Da 299 der Ländercode für Grönland ist, habe ich dorthin telefoniert. Aber dort gibt es keine Nummer 792 458 (noch nicht!).

Herr Jens Frederiksen war damals verantwortlich für den Telefon Service in Grönland. Ich habe ihm 2011 einen Brief geschrieben (leider ohne Antwort). Ich habe angeregt, dass er eine solche «speed of light» Nummer installieren sollte. Wer diese Nummer wählt, könnte z.B. über Wissenschafts-projekte in Grönland informiert werden.

In der Schweiz gibt es keine Vorwahl mit 029; vielleicht in einem anderen Land?

Exponentielle Vermögensvermehrung

Bei einem Zinssatz von **2%** wird ein Sparguthaben dank Zinseszins innert **35 Jahren** verdoppelt (ohne Zinseszins braucht es 50 Jahre).

Schnelle Berechnung dank **magischer Zahl 70**!

Für eine Abschätzung des exponentiellen Wachstums hilft:

$$e^7 \approx 2^{10} \approx 10^3$$

Daraus folgt: bei einem Zins von p(%)

verdoppelt sich ein Vermögen in T_2 Jahren

$$T_2 = 70 \text{ Jahre}/p(\%) \qquad (70 \approx 100 \ln 2)$$

Für einen Zuwachs um einen Faktor 1'000 ($\approx 2^{10}$) braucht es T_{1000} Jahre:

$T_{1000} = 10\, T_2 = 700$ Jahre/p(%)

Sparkonto von Wilhelm Tell

Vor 700 Jahren hat Wilhelm Tell ein Sparkonto eröffnet mit einem **Startkapital von 1 Fr.**. Tell entschied, dass immer das älteste Kind dieses Konto erben soll. Bei einem Zins von p % hat dieses Konto heute einen Wert von 10^{3p} Fr.

=> Mit **3% Zins** sind dies heute 10^9 **= 1 Milliarde Fr**.

Aber 1/3 des Zinsertrags gingen immer an den Staat als Einkommenssteuer, der damit ein eigenes Depot auf der Bank eröffnet. Damit ist der **Nettozins für Tell nur 2%**.

=> Der momentane Erbe von Tell's Sparkonto besitzt somit nach 700 Jahren "nur"

$$10^6 = 1 \text{ Million Fr.}$$

Wo sind die übrigen 999 Millionen?

Der Staat kassiert alles!

Kaum zu glauben: die restlichen **999 Million Fr. gehören dem Staat!**
Weil der Staat selber keine Steuern bezahlt, bekommt er die vollen
3% Zins auf den Steuereinnahmen. Nach einem Jahr besitzt der
Staat zwar nur 1 Rp aus der Einkommenssteuer von Tell. Aber nach
70 Jahren ist sein Vermögen bereits 4 Fr. , genau gleichviel wie
Wilhelm Tell. Jetzt kommt die Differenz zwischen exponentiellem
Zuwachs von 2% und 3% voll zum Zug. Nach ca. 200 Jahren sind
die Steuereinnahmen von Tell's Erbe wesentlich kleiner als die
eigenen 3% Zinseinnahmen (0.5 Fr. gegen 10 Fr.). Nach 300 Jahren
sind die Steuereinnahmen praktisch vernachlässigbar gegenüber den
Zinserträgen vom eigenen Vermögen.

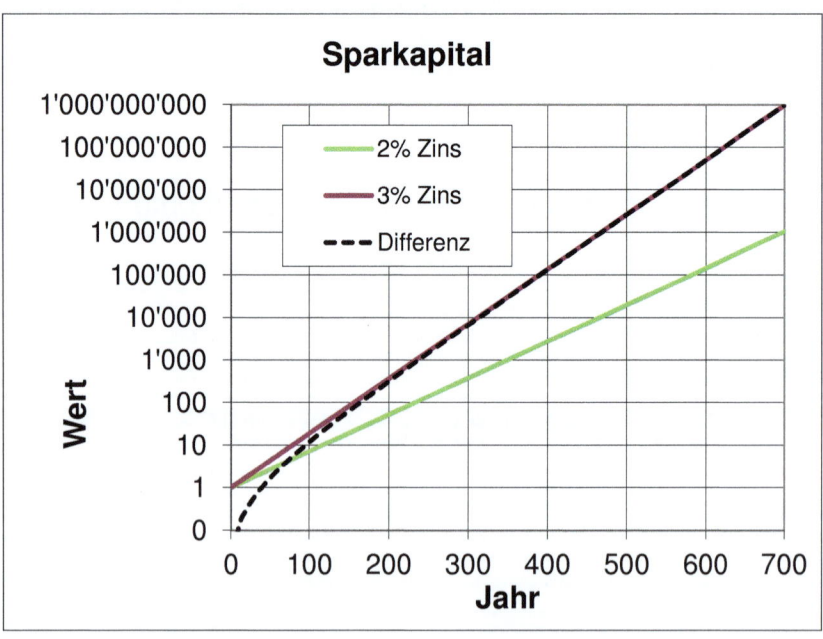

Sterne und Galaxien im Universum

In der Milchstrasse, unserer Galaxie, gibt es ca.

$400 \cdot 10^9$ Sterne

… und im gesamten Universum gibt es ca.

$200 \cdot 10^9$ Galaxien

Um diese Zahlen mit der Weltbevölkerung zu

vergleichen: Jede Person auf der Welt kann

50 Sternen in unserer Galaxie und

25 Galaxien im Universum

einen persönlichen Namen geben !!

Wie lange existiert die Menschheit noch?

Hypothese:

Bis jeder Mensch, der mal gelebt hat, seinen eigenen Stern in unserer Milchstrasse zugeteilt bekommt!

=> bis ca. **400 Milliarden Menschen** gelebt haben

Gemäss altem Testament (Exodus 32, 13) hat Gott zu Abraham, Isaac und Israel geschworen:
Ich will eure Nachkommen **so zahlreich werden lassen, wie die Sterne am Himmel**.

* Bis heute haben ca. 100 Milliarden Menschen gelebt

* Annahme: die Weltbevölkerung wächst bis ins Jahr 2300 auf den stabilen Endstand von 30 Milliarden

* bis ins **Jahr 2800** haben dann total ca. 400 Milliarden Menschen gelebt

* Jeder von ihnen besitzt jetzt einen eigenen Stern

=> Das jüngste Gericht in 800 Jahren?!

weltweite Geburtsrate und Sterberate

Wieviele Babies werden jede Sekunde geboren?
und wieviele Personen sterben jede Sekunde?

einfaches Modell: mittlere Lebenserwartung ≈ 70 Jahre.

Mit 7'400 Millionen Personen auf der Welt ist die mittlere

"Austauschrate" bei einer **konstanten** Bevölkerungszahl:

 7'400 Millionen/70 Jahre ≈ **100 Millionen Personen/Jahr**.

Aber die Weltbevölkerung nimmt ständig zu. Deshalb ist die Sterbe-rate tiefer und die Geburten-rate höher als der Mittelwert. Es gilt für die

Sterberate : ≈ "Austauschrate" vor 35 Jahren (mittleres Alter der heute

Sterbenden) = 4'600 Millionen/ 70 Jahre ≈ 66 Millionen/Jahr

Für die Schätzung der Geburtenrate gilt entsprechend die

prognostizierte Bevölkerungszahl in ca. 35 Jahren (Annahme

ca. 10'000 Millionen im Jahre 2050). Dies ergibt für die geschätzte

Geburtsrate : ≈ "Austauschrate" für das Jahr 2050

≈ 10'000 Millionen/70 Jahre = 140 Millionen/Jahr.

Die aktuellen Zahlen für 2012 waren:

≈ 56 Millionen Todesfälle/Jahr ≈ 2 Tote/s. (≈ 20 % durch Hunger!)

≈ 136 Millionen Geburten/Jahr, ≈ 4.5 babies/s

=> Dies ergibt einen Zuwachs von 80 Millionen/Jahr, oder

2.5 zusätzliche Erdenbürger jede Sekunde!!

Die Anwendung dieses Modells auf einen Ort oder ein Land ist nicht so

einfach wegen Zuwanderung, Lebensgewohnheiten etc. Für Orte in

der Schweiz gilt in etwa: Sterberate ≈ Anzahl Einwohner/120 Jahre

Die Weltbevölkerung auf einem Förderband

In diesem Modell steht die gesamte Weltbevölkerung, momentan ca. 7.4 Milliarden Menschen, auf einem Förderband. Dieses Band befindet sich am **Äquator** und umspannt den ganzen Erdumfang. Die Menschen bilden Reihen mit einem Abstand von 1m. Damit ergeben sich **40 Millionen Reihen à 185 Personen**. Ist der Abstand zum Nachbar in der selben Reihe ebenfalls 1m, so ergibt sich eine Breite von ca. 185m für eine Reihe.

Das Förderband bewegt sich so, dass **nach 100 Jahren die Erde 1 mal umrundet wird**. Einige wenige Menschen überleben diese Umrundung, die meisten von uns werden vorher vom Band in den Tod gestossen. Da die Weltbevölkerung ständig wächst, ist eine neue Reihe mit den Neugeborenen heute ca. 360m breit. Es braucht nur 80 Sekunden um sie zu füllen.

Wie schnell bewegt sich dieses Band?
Die Geschwindigkeit ist 40'000 km/100 Jahre, das sind gemütliche

45m/h oder **13 mm/s**.

=> **Alle Leute auf dem Band rücken alle 80s um eine Reihe vor.**

Um sich dieses Tempo auch bildlich vorzustellen:

Nach 5 Tagen hast Du ins 6km entfernte Nachbardorf gezügelt!

1'000 Geburts Kugeln

Heute leben ca. 7.4 Milliarden Menschen auf der Welt. Vor Deiner Geburt hast Du aus einer Schale mit 1'000 Kugeln eine davon gezogen. Diese Kugel hat bestimmt, wo Du auf die Welt kommen solltest. **Jede Kugel steht für 7 Million Personen.** Als Beispiel: Ich selber habe die einzige Kugel gewählt, die mit "Schweiz" markiert war!

Die Mehrheit der 1'000 Kugeln, ca. 600, vertreten ein Land in Asien. Für Afrika gibt es 150 Kugeln. Der Rest verteilt sich auf die anderen Kontinente: Europa inkl. Russland 110, Latein Amerika 80, Nord Amerika 50, und Australien 6.

Falls Du nicht zufrieden bist mit Deinem Leben, möchtest Du eine 2.Chance?

Wahrscheinlich nicht. Da Du diese Zeilen lesen kannst, bist Du bereits privilegiert. Auf 500 der Kugeln steht: **Du hast keinen Zugriff zu sanitären Anlagen und Du wirst weniger als 3$ pro Tag verdienen!** Bei 140 Kugeln heisst es: **Du hast ständig Hunger.**

Dann musst Du noch eine Münze werfen die Dein neues Geschlecht bestimmt: Du hast dann eine 50% Chance, dass Du es wechseln wirst.

Deine Lebensdauer beträgt

1 Million Minuten nach ca. 2 Jahren

100'000 Stunden nach ca. 11 Jahren und 9 Monaten

1'000 Wochen nach ca. 19 Jahren und 2 Monaten

10'000 Tage nach ca. 27 Jahren und 5 Monaten

1 Milliarde Sekunden nach ca. 31 Jahren und 9 Monaten

Wenn Du jung bist:

Es gibt weltweit ca. **350'000 Personen**

die am gleichen Tag wie Du geboren wurden!

Es sind dies etwa **250'000 Personen**, wenn Du um

ca. 1940 geboren wurdest.

Herz ⇔ Motor

Was ist zuverlässiger, Dein Herz oder
ein Automotor ?

Herz — 2.5 Milliarden Herzschläge

Motor — 0.5 Milliarden Umdrehungen

- Ein Auto fährt total ca. 200'000 km mit einer mittleren
  Geschwindigkeit von 50km/h
  => das sind 4'000 h Fahrstunden oder 240'000 min.

- der Motor lief im Schnitt mit 2'000 Umdrehungen/min
  => Der Motor machte ca. **$0.5 \cdot 10^9$ Umdrehungen**

Nach 80 Lebensjahren hat Dein Herz **(non stop!)**

$2.5 \cdot 10^9$ Herzschläge gemacht, das sind etwa

5 mal soviele Zyklen wie ein Automotor!!

Was hat Sex

mit Photovoltaik zu tun ?

6 ist nur eine Gedächtnisstütze !

Ein Hausdach hat z.B.

30 m² Sonnenkollektoren

Division durch **6**

5 kW_{peak} Spitzenleistung

Da die Sonne nicht immer scheint:

Multiplikation der 5 kW_{peak}

mit 1'000 Volllast-Stunden (1'000h/Jahr)

=> Stromproduktion = **5'000** kWh/Jahr

$$E = mc^2$$

Der Schweizer Physiker Paul Scherrer gab für diese berühmte Formel von Einstein eine schöne Analogie (die vom Autor Max Frisch in "Stiller" erwähnt wurde):

"Diese Energie E befindet sich auf einem blockierten Bankkonto !"

$E = mc^2$ gibt eine enorme **Energie Dichte**

- **1kg <=> 10^{17} J = 25 TWh**

  dies entspricht dem Energieverbrauch über 5 Wochen in der Schweiz!

Kernspaltung von U_{235} – mit Neutronen
=> Kettenreaktion

- **1 kg** Natur-Uran => **7 g** spaltbares Isotop U_{235} davon werden **7 mg** umgewandelt in Energie

- entspricht **180 MWh** oder **20'000 lt** Öl

  (damit könnte ein 30t Lastwagen in eine Erdumlaufbahn gebracht werden!)

Antimaterie als Retter der Energiekrise?

Besuch eines Satelitten von einer Galaxie

mit Antimaterie

=> 10 Tonnen Antimaterie

1. mit kontrollierter Annihilation:

   Energiebedarf der Erde ist für

   3 Jahre gedeckt!

2. Unkontrollierte Annihilation:

   30 Millionen Hiroshima Bomben!

Rätselsammlung

Einige Rätsel aus dieser Sammlung eignen sich z.B. für einen Wettbewerb an Geburtstags- oder Hochzeits-parties.

1. Eine Schnecke kriecht einen 10 m hohen Pfahl empor. Am Tag kommt sie 3m hoch, in der Nacht rutscht sie während dem Schlaf wieder 2 m zurück.
Nach wie vielen Tagen ist sie ganz oben?

2. Eine Flasche Wein kostet mit Geschenkpackung 11 Fr. Die Flasche kostet 10 Fr. mehr als die Verpackung.
Wie teuer ist die Geschenkpackung?

3. Ein Bauer will sein quadratisches Grundstück einzäunen. Wie viele Pfosten braucht er dazu, wenn er auf jeder Seite 6 Pfosten haben will?

4. Eine Seerose in einem Teich verdoppelt sich jeden Tag. Nach 20 Tagen ist der Teich voll.
Nach wie vielen Tagen ist er zu einem Viertel voll?

5. In einem Korb sind 5 Äpfel. Verteile an 5 Kinder je einen Apfel. Am Schluss muss aber noch ein Apfel im Korb bleiben!

6. Im Estrich hat es in einer Schachtel 20 grüne und 20 rote Socken. Die Mutter schickt ihren farbenblinden Sohn hinauf und möchte ein Paar Socken haben. Wie viele Socken muss der Sohn mindestens hinuntertragen, wenn die Mutter
a) ein Paar Socken gleich welcher Farbe haben möchte?
b) ein Paar rote Socken haben möchte?

7. Der Storch soll 7 Kinder auf 3 Familien verteilen;
er darf aber nirgends Drillinge bringen! Wie macht er das?

8. Jede volle Stunde fährt ein Schnellzug von Zürich nach
Genf und gleichzeitig ein Schnellzug von Genf nach Zürich.
Die Fahrzeit beträgt genau 2 Std. und 58 Min.
Wie viele Züge trifft jeder Zug unterwegs?

9. Ein Backstein wiegt 1 kg plus die Hälfte seines Gewichts.
Wie schwer ist er?

10. 4 Hühner legen in 4 Tagen 4 Eier.
Wieviele Tage braucht ein Huhn für ein Ei?

11. Was hat mehr Wert:
1kg 2 Fr. Silbermünzen oder 2kg 1 Fr. Silbermünzen?

12. Jemand misst die Zeit zwischen dem ersten und dem
letzten Glockenschlag einer Kirchenuhr:
um 6 Uhr beträgt sie 30 Sekunden.
Wieviel misst er um 9 Uhr?

13. was ist das Gegenteil von "nicht drinnen" ?

14. Auf allen öffentlichen Sitzbänken im lauschigen Stadtpark
ist die Zahl 25893 eingraviert, warum?

15. Morgen besucht mich ein Verwandter. Sein Vater ist der
Vater meines Vaters. Wer ist es?

16. Ein Mädchen küsst auf der Strasse einen Mann.
Ihre Freundin frägt sie: Wer war denn das?
Antwort: Seine Mutter ist die Schwiegermutter meiner Mutter.

17. Ein Rad hat 36 Speichen. Wie viele Zwischenräume hat es?

18. Ein Dreieck hat Seitenlängen von 13, 31 und 18 cm.
Wie gross ist seine Fläche?

19. Ein Dampfschiff braucht auf einem Fluss von A nach B
9 Stunden. Aber von B nach A nur 6 Stunden. Wie lange
schwimmt ein Stück Holz von A nach B?

20. Du kaufst im Laden ein Paar Schuhe mit 10% Rabatt. Was
ist günstiger für Dich: zuerst den Rabatt abziehen und dann die
Mehrwertsteuer dazuzählen oder umgekehrt, zuerst die MWST
zahlen und dann den Rabatt abziehen?

21. Zwei Mädchen haben die gleichen Eltern und sind am
gleichen Tag geboren. Trotzdem sind sie keine Zwillinge!

22. Ich marschiere 5 km nach Süden, dann 5 km nach Westen
und schliesslich 5 km nach Norden. Dann bin ich wieder am
Ausgangspunkt. Erkläre!

23. Was geben 4 Polizisten, 5 Rasierklingen, 3 Kommunisten,
ein Zahnarzt und ein Vegetarier?

24. Ich habe im Geldbeutel 2 Geldnoten, total 110 Euro.
Aber der eine der Scheine ist keine 10 Euro Note.
Wie ist dies möglich?

25. Eine Aktie verliert an einem Tag 30% ihres Werts. Doch am
nächsten Tag macht sie alles wieder gut, denn sie steigt wieder
um 30%. Stimmt doch, oder ?

26. Wie oft kommt die Zahl 8 in den Zahlen 1 bis 99 vor?

27. Wie viele mal innert 24 Stunden überdecken sich bei einer Uhr der grosse und der kleine Zeiger?

28. Hans kaufte 17 Marroni und ass alle ausser 4. Wie viele hatte er noch übrig?

29. Wie viele Monate haben 30Tage?

Jetzt wird es etwas anspruchsvoller !

30. Ein Mann spaziert am Morgen ins Geschäft, joggt aber am Abend nach Hause zurück. Total ist er 35 min. unterwegs. Wenn er beide Wege spaziert, so braucht er zusammen 50 min. Wie lange braucht er um heim zu joggen?

31. Ein Mann wird jeden Tag von seiner Frau genau um 18 Uhr am Bahnhof abgeholt. Einmal nimmt er den früheren Zug und ist schon um 17 Uhr da. Er geht seiner Frau entgegen und ist damit 70 Min. früher zu Hause als sonst. Wie lange ist er marschiert bis er seine Frau traf?

32. Maria ist 24 Jahre alt. Sie ist jetzt doppelt so alt, wie Anna war, als Maria so alt war, wie Anna jetzt ist. Wie alt ist Anna jetzt?

33. Drei Gäste nehmen einen Drink an der Bar und bezahlen je 10 Fr. Der Patron, der gerade reinkommt, sieht, dass dies alte Bekannte sind. Er gibt dem Barkeeper 5 Fr. mit dem Auftrag, dies mit schönem Gruss von ihm an die 3 Gäste zurückzugeben. Der schlitzohrige Barkeeper gibt aber jedem nur 1 Fr. zurück. Damit hat jeder Gast effektiv 9 Fr. bezahlt. Dies sind total 27 Fr.. 2 Fr. besitzt der Barkeeper, macht zusammen 29 Fr. . Wo ist der 30. Franken?

34. Ein Zug fährt von Zürich nach Genf mit 80 km/h. Gleichzeitig startet ein Zug von Genf Richtung Zürich mit 70 km/h, zusammen mit einer Taube, die aber mit 100 km/h Richtung Zürich fliegt. Sobald die Taube auf den anderen Zug trifft, kehrt sie wieder um, und pendelt weiterhin zwischen den beiden Zügen, bis diese sich treffen. Wie viele km ist die Taube geflogen, wenn die Strecke Zürich-Genf genau 300 km misst?

35. Ein Velofahrer fährt von Basel nach Lugano in 8 Stunden. Ein zweiter Velofahrer braucht von Lugano nach Basel aber 12 Stunden. Beide fahren gleichzeitig los. Wann treffen sie sich?

36. Beim Tennisturnier in Wimbledon wollen 152 Spieler mitmachen. Im Haupttableau gibt es aber nur Platz für deren 128. Die besten 120 Spieler sind direkt qualifiziert. Die übrigen 32 Spieler ermitteln in 2 Qualifikationsrunden im Cupsystem die restlichen 8 Spieler für die erste Runde. Dann geht es im Cupsystem weiter. Wie viele Spiele werden bei diesem Turnier total gespielt bis der Sieger feststeht?

37. Es schneit kontinuierlich. Der Schneepflug startet auf einer langen Strasse um 10 Uhr. In einer Stunde schafft er 1 km. In der nächsten Stunde nur noch 0.5 km. Wann hat es zu schneien begonnen?

38. Es braucht 20 Arbeiter um in 60 Tagen 1km Autobahn zu asphaltieren. Wie lange brauchen 12 Arbeiter für 500m?

39. Die beiden Schulkameraden Max und Hans treffen sich nach langer Zeit vor dem Haus von Max. Es entsteht folgender Dialog:
- Hast Du Kinder?
- Ja, deren drei
- Wie alt sind sie?
- Wenn man ihre Alter miteinander multipliziert gibt dies 36!
- Sorry, aber das ist für mich noch zu wenig Information.
- OK, wenn man ihre Alter zusammenzählt, gibt dies gerade meine Hausnummer hier!
- Das reicht immer noch nicht!
- Gut, ein letzter Hinweis: der Älteste spielt gerne Fussball!
- Aha, jetzt kenne ich das Alter Deiner drei Kinder!

40. Es braucht 6 Min. um eine Badewanne zu füllen, und 10 Min. um sie zu entleeren. Nach wieviel Min. ist die Badewanne voll, wenn gleichzeitig der Wasserhahn und der Abfluss geöffnet sind?

41. In einem Quiz-Wettbewerb gibt es einen Topf voller Geldstücke zu gewinnen. Alle Geldstücke haben den gleichen Wert. Am Wettbewerb nehmen 10 Personen teil. Wer alle drei gestellten Fragen richtig beantwortet hat, ist ein Gewinner. Der Gesamtbetrag wird unter alle Gewinner gleichmässig verteilt. Wie viele Geldstücke hat es mindestens im Topf, wenn in allen Fällen jeder Gewinner gleich viele Geldstücke bekommt?

42. Ein Scheich hat 3 Söhne. In seinem Testament bestimmt er: Der Älteste bekommt die Hälfte meiner Kamele, der mittlere Sohn bekommt einen Drittel meiner Kamele und der jüngste Sohn einen Neuntel der Kamele. Bei seinem Tod besitzt er 17 Kamele. Wie gehen die Brüder bei der Erbteilung vor?

43. Vor einiger Zeit hat Hans zu mir gesagt: Vorgestern war ich noch 29 Jahre alt. Aber nächstes Jahr werde ich schon 32. Wann hat er dies zu mir gesagt, und wann hat er Geburtstag?

44. Ein Scheich verkauft seine n Kamele zu je n Dinaren. Den Erlös - alles 10-Dinar Scheine und der Rest als Kleingeld – will er gleichmässig unter seinen beiden Söhnen aufteilen. Aber am Schluss bleibt noch ein 10-Dinar Schein und das Kleingeld übrig. Er gibt dem älteren Sohn den Schein und dem Jüngeren das Kleingeld. Da der Jüngere dadurch etwas weniger erhält, beschwert er sich beim älteren Bruder. Dieser sagt: OK, ich gebe dir dafür meinen Kugelschreiber, dann sind wir quitt.
Wie teuer ist der geschenkte Kugelschreiber?

45. Kurt sagt zu seinem Freund Beat:
Mein Vater ist 5 mal älter als ich. Aber in 3 Jahren ist er nur noch 4 mal älter. Wie alt ist Kurt?

46. BSAINXLEATNTEARS. Cross out six letters to get a familiar english word.

47. Du willst Spaghetti "al dente" kochen. Genau 12 Min. lang. Du hast aber nur 2 Sanduhren à 8 und 5 Min. Wie gehst Du vor?

48. Jeden Dienstag Abend treffen sich die Mitglieder eines Jagdclubs an einem runden Tisch und erzählen sich Jagdgeschichten. Dabei gibt es zwei Sorten von Jägern: Die einen sagen immer die Wahrheit, während die anderen immer lügen, nicht nur bei ihren sog. Jagderfolgen. Eines Tages bemerkt einer der Anwesenden: "Aha, heute sitze ich neben zwei Lügnern!" Worauf jeder seine beiden Nachbarn anschaut und danach ausruft. "Na so was, bei mir trifft dies auch zu"!
Beim nächsten Treffen meint der Vizepräsident: "War das lustig, was beim letzten mal mit den 12 Anwesenden geschah!". Worauf der Kassier konterte: "nein, wir waren sogar 13!".
Kannst Du herausfinden, welcher von beiden recht hatte?

49. Bist Du auch in die Falle von Rätsel 19 getappt? Wenn nicht, so habe ich hier das alternative, realistische Rätsel: Ein Dampfschiff braucht auf einem Fluss von A nach B 9 Stunden. Aber von B nach A nur 6 Stunden. Wie lange schwimmt ein Stück Holz von **B nach A**?

Lösungen

1. Nach 8 Tagen, denn nach 7 Tagen ist die Schnecke von 9m auf 7m zurückgerutscht. Am 8.Tag schafft sie die letzten 3m.
2. 50 Rp.
3. $20 = 4 \times (6-1)$; die Eckpfähle sieht man von 2 Seiten.
4. Nach 18 Tagen
5. Gib dem 5.Kind den Korb mit dem Apfel drin.
6. a) 3 ; b) 22
7. Was, Du glaubst immer noch an den Storch!
8. 5 ; Jeder Zug begegnet alle 30 Min. einem Gegenzug
9. 2kg
10. Alle 4 Tage
11. 2kg Ein-Fränkler. Dies sind 2kg Silber gegen 1kg Silber!
12. 48 Sekunden (6 Sekunden zwischen 2 Schlägen)
13. drinnen
14. Wenn Zwei 5 Minuten lang nicht acht geben, so sind es in 9 Monaten drei!
15. Der Onkel
16. Der Vater oder der Onkel
17. Auch 36
18. Null! Da 18+13=31 (=> eine gerade Strecke)
19. Gegen den Strom geht nix! (Er fliesst von B nach A)
20. Die Reihenfolge spielt keine Rolle!
    F1=1-Rabatt , F2=1+MWST, Preis = Po*F1*F2 = Po*F2*F1
21. Sie sind ein Teil von Drillingen (oder Vierlingen)

22. Die erste Lösung: Start am Nordpol.
    Die 2.Lösung: Nahe beim Südpol gibt es einen Parallelkreis
    mit 5km Umfang; ich starte 5km nördlich davon.
23. Null! 4 Polizisten geben acht (=32). 5 Rasierklingen werden
    abgezogen (=27). 3 Kommunisten teilen (=9). Der Zahnarzt
    zieht die Wurzel (=3). Der Vegetarier isst die Wurzel (=0).
24. Der eine Schein ist 10€ wert und der andere 100€ !
25. Die Aktie macht 30% auf den auf 70% gesunkenen Wert
    gut. Damit hat sie neu nur noch einen Wert von
    1.3*70%=91%. Sie hätte um 43% steigen müssen, um den
    ursprünglichen Wert zu erhalten.
26. 20 mal. Schreibt man alle 100 Zahlen von 0-99 mit 2 Ziffern
    als 00, 01, 02,....98, 99 so braucht man total 200 Ziffern.
    Jede Zahl von 0-9 kommt gleich oft vor, nämlich 20 mal.
27. 22 mal. Der grosse Zeiger macht pro Tag 24 Umdrehungen.
    Der kleine Zeiger geht 2 mal rum. Die Differenz ist 22.
28. Genau diese 4.
29. Alle ausser dem Februar.
30. 10 min.   2*(spazieren + joggen) = 70 min.
    2*spazieren = 50 min. => 2*joggen = 70-50 = 20 min.
31. 25 Minuten. Seine Frau hätte vom Treffpunkt noch 35 min.
    bis zum Bahnhof und weitere 35 min. zurück zum Treffpunkt
    gebraucht; zusammen gibt dies 70 min. Einsparung.
    Damit ist der Treffpunkt um 18.00 - 35Min. = 17.25 Uhr.
32. Anna ist (24+12):2=18 Jahre alt.
    Mit etwas Algebra: Heute: Maria=M=24, Anna=A;
    vor x Jahren: A'=A-x=½M, M'=M-x=A,
    => M-A=A-½M, 4A=3M => A=3/4*M = 18 Jahre.
33. Die 2 Fr. müssen abgezogen und nicht addiert werden!
    27-2=25 Fr. (nicht 27+2=29Fr.)
34. Die beiden Züge legen pro Stunde zusammen 150 km
    zurück. Da die Strecke Zürich-Genf 300 km beträgt, treffen
    die Züge (und die Taube) nach 2 Stunden aufeinander.
    Damit ist die Taube 2oo km weit geflogen.

35. Nach 4h 48min. $(1/T=1/T1+1/T2)$
36. Bei jedem Spiel scheidet der Verlierer aus. Alle Spieler ausser dem Sieger verlieren genau einmal. Damit gibt es 151 Spiele (immer eins weniger als Spieler antreten). => keine Additionen notwendig!
37. Um 9.30 Uhr. Da der Schneefall konstant ist, liegt um 10.30 Uhr die Schneehöhe beim Mittelwert von 10-11Uhr (z.B. 10mm). Um 11.30 Uhr liegt die Schneehöhe beim Mittelwert von 11-12 Uhr und ist doppelt so hoch (20mm) wie die Schneehöhe von 10.30 Uhr (0.5 km Länge gegen 1 km in den zwei aufeinander folgenden Stunden). Zurückgerechnet ist damit die Schneehöhe = 0 um 9.30 Uhr.
38. 50 Tage $(0.5*60*20/12)$
39. Es gibt 8 Möglichkeiten die mit 3 Zahlen ein Produkt von 36 geben. Die Summe der Faktoren ergibt für diese 8 Fälle: 10, 11, **13, 13**, 14, 16, 21, 38. Da dies für die Hausnummer noch keine Entscheidung ermöglicht, muss diese Summe 13 sein, mit den beiden Möglichkeiten 1, 6, 6 oder **2, 2, 9**. Aber nur im 2.Fall gibt es einen einzigen ältesten Sohn.
40. Nach 15 Min. Denn in 30 Min. wäre die Badewanne 5mal gefüllt und 3mal entleert worden.
41. Die Zahl n der Geldstücke muss durch alle Zahlen von 2-10 teilbar sein! $n=10*9*7*4=2'520$. Bei 13-15 Personen ist $n=360'360$ und bei 16 Personen: $n=720'720$
42. Sie borgen beim Nachbar ein Kamel aus. Jetzt geht die Erbteilung schön auf! Die Söhne bekommen 9, 6 und 2 Kamele. Da dies zusammen nur 17 Kamele sind, können sie dem Nachbar das 18. Kamel wieder zurück geben!
43. Hans hat dies am 1.Januar dieses Jahres zu mir gesagt. Am 30.Dezember war er noch 29. Am 31.Dezember hatte er den 30.Geburtstag gefeiert. In diesem Jahr am 31.Dezember wird er 31. Im nächsten Jahr am 31.Dezember ist er 32.

44. Wenn man bei allen Quadratzahlen n^2 ein Vielfaches von 20 abzieht (entspricht den zwei 10-Dinarscheinen) so liegt der Rest ($=n^2$ modulo 20) zwischen 0 und 19. Aber nur bei den Endziffern 4 und 6 von n^2 liegt der Rest mit 16 über 10. Von diesen 16 Dinars bekommt der ältere Sohn 10 Dinar, der jüngere Sohn 6 Dinar in Münzen. Mit einem **2 Dinar Kugelschreiber** wird diese Differenz ausgeglichen.

45. Kurt ist 9 Jahre alt.

46. BANANA, you have to cross out the letters as SIXLETTERS

47. Beide Sanduhren starten gleichzeitig. Nach 5 min. ist die kleine Uhr leer und wird gedreht. Nach 8 min. ist die grosse Uhr auch leer und wird gedreht. Nach 10 min. ist die kleine Uhr zum 2.Mal leer. In der grossen Uhr sind jetzt unten Sand für 2 Min. Die Uhr wird jetzt wieder gedreht. Wenn sie nach 2 Min. wieder leer ist, sind 12 Min. vorbei.

48. Es müssen 12 gewesen sein. Wir geben z.B. allen Lügnern ungerade Nummern, den anderen gerade Nummern. Mit 13 Teilnehmern sitzt Lügner Nr.13 neben Lügner Nr.1, was ein **Paradox** ergibt. Dieses Rätsel habe ich an Martin Gardner vom "Scientific American" geschickt, der es im November 1967 publizierte, Vol. 217 (und auch auf Seite 65 in seinem Buch "Mathematische Hexereien").

49. Das Stück Holz braucht T=36 Stunden von **B nach A**. Mit T1=9h und T2=6h ist T=2xT1xT2/(T1-T2)=36h. Die Geschwindigkeit des Schiffs auf einem See wäre 5 mal =(T1+T2)/(T1-T2) grösser als die Flussgeschwindigkeit.

Bemerkung:
Diese Rätsel habe ich über viele Jahre gesammelt.
Die meisten sind schon lange bekannt. Es gibt aber einige Rätsel, die ich, nach meinem Wissen, selber gestaltet habe.
Es sind dies die Nummern: 2, 3, 10, 18, 20, 25, 36, 38, 48.

Der Autor bei einem "riskanten Spaziergang"
beim "Wildkirchli" in den Appenzeller Bergen
der Schweiz (2009)